Ernst Probst (Hrsg.)

30 Tiere der Urwelt

Bilder von F. John

GRIN Verlag

Bibliografische Information der Deutschen Nationalbibliothek:

Die Deutsche Bibliothek verzeichnet diese Publikation in der Deutschen National-
bibliografie; detaillierte bibliografische Daten sind im Internet über http://dnb.d-
nb.de/ abrufbar.

Impressum:

Copyright © 2014 GRIN Verlag GmbH
Druck und Bindung: Books on Demand GmbH, Norderstedt Germany
ISBN: 978-3-656-82056-7

Dieses Buch bei GRIN:

http://www.grin.com/de/e-book/282879/30-tiere-der-urwelt

Ernst Probst (Herausgeber)

30 Tiere der Urwelt

Bilder von F. John

30 Tiere der Urwelt

30 prähistorische Fische, Amphibien, Reptilien, Vögel und Säugetiere wurden 1902 auf liebevoll gestalteten Einzelblättern der Serie 1 „Tiere der Urwelt" in Wort und Bild vorgestellt. Sie erschienen damals im „Verlag Kakao Compagnie Theodor Reichardt G.m.b.H., Wandsbek" und wurden in einer edlen roten Mappe geliefert. Die Vorderseite jedes 27 mal 19 Zentimeter großen Blattes zeigte jeweils ein Farbbild von einem Tier. Auf der Vorder- und oft auch auf der Rückseite stand ein erklärender Text. Im vorliegenden Taschenbuch „30 Tiere der Urwelt – Bilder von F. John" passieren diese Zeichnungen erneut Revue. Wer der Künstler namens „F. John" war, weiß man leider nicht mehr. Seine Rekonstruktionen urzeitlicher Tiere und die ursprünglichen Erklärungen hierzu gelten heute teilweise als überholt. Herausgeber des Taschenbuches ist der Wiesbadener Wissenschaftsautor Ernst Probst, der zahlreiche Werke über Tiere aus der Urzeit veröffentlicht hat.

Blatt No. 1 stellt mit der indischen Waran-Eidechse, Hydrosaurus Salvator, einen Vertreter der noch heute in den Tropen weit verbreiteten Eidechsengattung der Warane dar. Die Hauptmerkmale dieser Gattung bestehen in der ihr eigentümlichen Hautbekleidung, welche auf dem Rücken von kleinen runden, nach oben gewölbten Schildern, am Bauche dagegen von grossen, in Querreihen geordneten Platten gebildet wird, in einem langgestreckten Kopfe und in einer Zunge, welche ähnlich den Schlangenzungen lang und vorne gespalten, in eine Scheide zurückziehbar ist. Auch heute besitzen sie ein Zwerchfell, was sonst bei keiner Eidechsenart – abgesehen von derjenigen der Krokodile – der Fall ist. Die Familie der Waran-Eidechsen gehört zu den ältesten bekannten Eidechsengruppen und existiert heute noch in Exemplaren bis zu 2 Meter Länge.

DIE INDISCHE WARAN-EIDECHSE (VARANUS ODER HYDROSAURUS SALVATOR.)
Text siehe Rückseite
Tiere der Urwelt Serie 1. Blatt 1
Verlag: Kakao Compagnie Theodor Reichardt G m b H, Wandsbek

Blatt No. 2. Der Riesenhirsch führt die Bezeichnung Cervus megacerus oder Cervus eurycerus – d. h. Hirsch mit grossem oder mit weit ausgebreitetem Geweih – nicht mit Unrecht. Das Schaufelgeweih des Riesenhirsches breitet sich horizontal aus und besitzt eine Spannweite von ungefähr $3\,^1/_2$ m. Die Sippe der Riesenhirsche hat ihre Blütezeit im Diluvium gesehen und ist jetzt ausgestorben. Gut erhaltene Skelette dieser Hirschart werden sehr häufig in den diluvialen Torfmooren Irlands gefunden, so häufig, dass andere Fundorte für die Reste dieses Hirsches gegen Irland kaum in Betracht kommen; daher findet man auch sehr oft für diese Hirschart die Bezeichnung irischer Riesenhirsch (Megacerus hibernicus). Den Umrissen auf unserem Bilde ist das im Britischen Museum befindliche Skelett zugrunde gelegt.

RIESENHIRSCH (CERVUS EURYCERUS ALDROV.)

Text siehe Rückseite

Verlag: Kakao Compagnie Theodor Reichardt G.m.b.H. Wandsbek

Tiere der Urwelt Serie 1. Blatt 2.

Blatt No. 3. Das Mammut (Elephas primigenius Blumb), auf unserem Bilde, nach einem vollständig erhaltenen Funde aus einem Flussufer Sibiriens gezeichnet, gehörte zu der Gattung der Elefanten, die sich dem Klima Europas und Nord-Asiens am meisten angepasst hatte und die Eiszeiten auf der Nordhalbkugel überdauerte. Es steht fest, dass das Mammut zu gleicher Zeit mit dem Menschen gelebt hat, und es ist nicht unwahrscheinlich, dass es erst durch den Menschen ausgerottet worden ist. Für das Nebeneinanderleben des Mammuts und des Menschen liegen zahlreiche sichere Beweise vor, und zwar nicht nur prähistorische Mammut-Darstellungen, sondern auch andere von der Jagd der Menschen auf die Tiere zeugende Belege. Unsere Kenntnis des Äußeren des Mammuts beruht nicht nur auf den ziemlich mangelhaften prähistorischen Darstellungen, sondern mehr auf den ziemlich unversehrt vorgefundenen Mammutleichen, die in den Mooren Sibiriens und Nord-Russlands vorgefunden und durch die konservierenden Eigenschaften des Moores und der Kälte vorzüglich erhalten worden sind.

Tiere der Urwelt Serie 1. Blatt 3
DAS MAMMUT. (ELEPHAS PRIMIGENIUS BLUMB.)
Text siehe Rückseite
Verlag: Kakao Compagnie Theodor Reichardt G. m. b. H. Wandsbek.

Blatt No. 4. Die Tafel No. 4 bietet uns links im Vordergrunde die Abbildung eines riesigen, von Cook noch im 18. Jahrhundert bei seiner Landung gesehenen, jetzt augestorbenen Vogels aus Neu-Seeland, der von den Eingeborenen dieser Insel, den Maoris, Moa genannt wurde. Der Moa (Dinornis Owens) gehörte zu der Gruppe der Laufvögel, erreichte eine Höhe von 3–4 m und zählte die Strausse und Kasuare, welcher er jedoch an Grösse bedeutend übertraf, zu seinen Verwandten. Seine Flügel waren, wie bei den Straussen, zu Rudimenten verkümmert und daher für einen Flug vollkommen unbrauchbar. Er bedurfte ihrer auch nicht, denn er und seine Verwandten waren bis in die historischen Zeiten hinein die einzigen Bewohner Neu-Seelands. Als infolge der Wanderungen der Maoris die Insel sich auch zum erstenmale mit Menschen bevölkerte, erwuchs dieser, durch ihre Grösse schwerfälligen Vogelgattung ein Feind, dessen Nachstellungen sie erliegen sollte. – Im Hintergrund sehen wir den Drachenbaum. (Dracaena draco).

F. John
MOA, RIESENVOGEL VON NEU-SEELAND.
Text siehe Rückseite
Tiere der Urwelt • Serie 1 · Blatt 4.
Verlag: Kakao Compagnie Theodor Reichardt G. m. b. H. Wandsbek.

Blatt No. 5. In dem Sivatherium giganteum, einem riesenhaften Wiederkäuer, haben wir den Vertreter einer Tiergattung vor uns, welche die Familie der Hirsche mit der der Giraffen in Verbindung setzt. Hauptsächlich kommen von den Hirschen die Elche in Betracht, die in vieler Beziehung den Giraffen, abgesehen von der Verschiedenheit in der Länge des Halses und des Kopfschmuckes, auch in der äusseren Gestalt ähnlich sind. Diese Ähnlichkeit besteht in einem kurzen Körper, der auf ziemlich hohen Vorderbeinen ruht, wodurch diese Tiere ein charakteristisches Aussehen erhalten. Dass diese Ähnlichkeit der Elche und Giraffen keine zufällige ist, sondern auf gemeinsame Abstammung von einer älteren Tiergattung – welche die Charaktere der Giraffen und der Elche vereinigte – hinweist, dafür haben wir mit der Entdeckung der Überreste des Sivatherium Belege erhalten. Dieses Tier, nach Murie vielleicht aus der Verwandtschaft unserer Giraffe stammend, vereinigte im wesentlichen die Gestalt der Elche und der Giraffen, es war ihnen aber an Grösse bei weitem überlegen. Sein Schädel erreichte eine Länge von 1 m und hatte ungefähr dieselbe Breite; seine Vorderbeine erreichten eine Höhe von 2 m, sodass die Gesamtshöhe des Tieres eine beträchtliche von fast 3 m gewesen sein muss.

SIVATHERIUM GIGANTEUM FALCON U. CANTLEY.
Text siehe Rückseite
Tiere der Urwelt Blatt 5
Verlag: Kakao Compagnie Theodor Reichardt G. m. b. H., Wandsbek.

Blatt No. 6. Das Dinoceras Marsh (Schreckhorn), dessen Rekonstruktion wir in der Tafel No. 6 abgebildet haben, war ein schwerfälliges Tier von Elefantenlänge, aber niedriger (etwa 4 Meter lang und 2 Meter hoch). Der lange und schmale Schädel ist auf der Oberseite mit drei Paaren glatter Knochenzapfen besetzt, welche von vorn nach hinten an Grösse zunehmen und wohl nur mit Haut bekleidet gewesen waren. Die Reste dieses Tieres sind nur auf ein Gebiet von geringer Ausdehnung beschränkt, aber in diesem sind sie in einzelnen Schichten so reichlich, dass man ihnen die Bezeichnung Dinocerasschichten gegeben hat. Diese Schichten gehören dem Tertiär an, besonders jenem von Nord-Amerika.

DINOCERAS (SCHRECKHORN.)

Text siehe Rückseite

Verlag: Kakao Compagnie Theodor Reichardt G.m.b.H. Wandsbek.

Tiere der Urwelt. Blatt 6

Blatt No. 7. Triceratops prorsus Marsh, der dreigehörnte Ochsensaurier, ein gewaltiger Dinosaurier, dessen Schädel ein Paar mächtige Hornzapfen
trägt, zwischen denen sich noch ein drittes, beinahe
1 m langes Horn erhebt. Der Schädel allein ist
gegen 2 Meter lang, bei 1,2 Meter Breite und ist
von einem eigenthümlichen fächerartigen, am
Rande mit Stacheln versehenen Halskragen umgeben. (Pflanzenfresser)

DINOCERAS (SCHRECKHORN.)

Text siehe Rückseite

Tiere der Urwelt Blatt 6

Verlag : Kakao Compagnie Theodor Reichardt G. m. b. H. Wandsbek.

Blatt No. 8. 1. Der auf unserem Bild oben schwebende Archäopteryx, der Urvogel aus Solenhofen (Jura-Formation), besass ungefähr die Größe eines Huhnes. Der Bau des Skelettes erinnert sehr an das Reptilskelett. Besonders sind dafür die Wirbel durch ihre doppeltgehöhlte Sanduhrform bezeichnend, und sie schliessen sich hierin den Wirbeln der Saurier, Amphibien und Fische an. Abweichend von dem heutigen Vogeltypus ist das Bauchskelett, das in seiner Form sehr an das der Brückenechse erinnert. Besonders auffallend ist auch die Bildung des Schwanzes. Die Schwanzwirbel waren noch nicht verkümmert wie bei den heutigen Vögeln. Bei den Flügeln waren die drei Klauen noch nicht verkümmert, sondern ragten aus den Flügeln hervor und dpürften vielleicht noch als Haftorgane gedient haben. Am eigentümlichsten berührt die Bildung des Schnabels, der in den Kiefern je zwei Reihen wohlausgebildeter Zähne besitzt. Es weicht also auch hierin der Archäopteryx von den Vögeln der Jetztzeit ab, denn die heutigen Vögel besitzen keine ausgebildeten Zähne, sondern höchstens eine rudimentäre Andeutung.

2. Im Vordergrund zeigt Blatt 8 einen Panochthus tuberculatus Owen aus den Pampas Südamerikaas.

ARCHAEOPTERYX LITHOGRAPHICA H. V. MEYER UND PANOCHTHUS TUBERCULATUS. OWEN.

Text siehe Rückseite

Tiere der Urwelt Blatt 8.

Verlag · Kakao Compagnie Theodor Reichardt G.m.b.H. Wandsbek

Der Panochthus, ein Riesengürteltier, erreichte ungefähr die Grösse eines Rhinocerosses, war in der Tertiärzeit und Diluvialzeit in Südamerika weit verbreitet, und es sind Beweise gefunden worden, welche darauf hindeuten, dass der Mensch die Glyptondtiere gejagt, sein Fleisch verzehrt und die riesigen Panzer dieser Säugerschildkröten zu mancherlei praktischen Zwecken verwandt hat.

Bild auf Seite 23:

Blatt No. 9. Megatherium americanum aus der Tertiärformation. Das Tier hatte etwa die Grösse eines Elephanten, war aber noch viel massiger im Knochenbau (Nach Hutchinson und Smith).

Megatherium americanum
aus der Tertiärformation. Das Tier hatte etwa die Grösse eines Elephanten, war aber noch viel massiger
im Knochenbau. (Nach Hutchinson u. Smit.)
30 Tiere der Urwelt Blatt 9
Verlag : Kakao Compagnie Theodor Reichardt G. m. b. H. Wandsbek

Blatt No. 10 zeigt ein gewaltiges Huftier der älteren Tertiärzeit; es gehört zu der gänzlich ausgestorbenen Unpaarzeher-Familie und erreichte eine Höhe von 2 $^1/_2$ Metern. Die Ordnung der Brontotheriden gehört zu den Unpaarhufern und umfasst Tiere von rhinocerosähnlichem Aussehen. Die am besten bekannen Arten dieser Tierfamilie stammen aus den Ebenen Nordamerikas. Hier ist im unteren Miozän das Brontotherium Marsh aufgefunden worden. Ein gewaltiger Schädel, welcher ein abnorm kleines Gehirn umschließt, und in dieser Beziehung an Coryphodon und Dinoceras erinnert, macht dieses Tier zu einem seltsamen. Das Verbreitungsgebiet war Nordamerika. Europa hat ebenfalls Vertreter dieser Tierfamilie besessen, wie Überreste, die in Bulgarien gefunden worden sind, beweisen.

BRONTOPS (TITANOTHERIUM ROBUSTUM) LEIDY.

Text siehe Rückseite

Tiere der Urwelt. Blatt 10.   Verlag: Kakao Compagnie Theodor Reichardt G. m. b. H., Wandsbek.

Blatt No. 11. Das Dinotherium giganteum ist ein grosser Vorläufer der Elefanten (Tertiärzeit). Es besass ähnlich dem Elefanten einen Rüssel. Die Schneidezähne des Unterkiefers sind zu zwei gewaltigen Hauern entwickelt, die nach unten gerichtet sind und deren Zweck unbekannt ist. In diesen Hauern unterscheidet es sich wesentlich von den Elefanten, bei denen die oberen Schneidezähne, die beim Dinotherium fehlen, zu gewaltigen Stosszähnen entwickelt sind. An Grösse hat das Dinotherium sämtliche ausgestorbenen und lebenden Elefanten- und Mastodon-Arten übertroffen. Sein Schädel ist etwa 1 m lang. Ober- und Unterschenkel haben jeder für sich etwa dieselbe Länge. Überreste des Dinotheriums wurden zuerst in den tertiären Schichten Frankreichs und Westdeutschlands am Ende des 18. Jahrhunderts gefunden. Der erste wohlerhaltene Schädel wurde jedoch erst im Jahre 1835 bei Eppelsheim im Mainzer Becken ausgegraben.

DINOTHERIUM GIGANTEUM KAUP.
Text siehe Rückseite
Tiere der Urwelt · Blatt 11
Verlag: Kakao Compagnie Theodor Reichardt G m b H, Wandsbek

Blatt No. 12 (nach Hutchinson und Smit). Später als die Archäopteryxe, in der Kreidezeit, lebte der Hesperornis regalis, der königliche Vogel des Westens, d. i. Nordamerikas. Bei diesem Vogel waren die Flügel verkümmert bis auf zwei kurze Stummel. Ein kurzer Knochen war von den Flügeln bei dieser Art von dem Arm im Laufe der Entwicklung nur übrig geblieben, während Oberarm und Hand vollständig verschwunden sind. Das Skelett ist aber nicht mehr reptilartig, wie das des Archäopteryx. Das Bauchskelett ist schon nicht mehr vorhanden, auch besitzen die Wirbel sattelförmige Wölbung der Gelenkflächen und gleichen somit in ihrer Bildung den Wirbeln der Vögel der Jetztzeit. Der Schnabel ist mit Zähnen besetzt.

HESPERORNIS REGALIS MARSH.
Text siehe Rückseite
Verlag: Kakao Compagnie Theodor Reichardt G. m. b. H., Wandsbek.
Tiere der Urwelt. Blatt 12.

Blatt No. 13. Eine eigentümliche Tiergruppe ist die der Pterosaurier. Aus den Dinosauriern im Laufe der Entwicklung hervorgegangen, hat sie als eine vogelähnliche Reptilgattung, deren vordere Gliedmassen unter gewaltiger Entwickelung des fünften Fingers zu Flugorganen umgewandelt waren, ganz seltsame Formen hervorgebracht, die auf der Erde vorher und nachher nie ähnliche Gestalten gefunden haben, und nur eine geringe Ähnlichkeit mit den Flugsauriern, die auf Konvergenz beruht, besitzen die heutigen Flugsäugetiere. Im Skelettbau an die Ornithopoden anschließend, besitzen sie pneumatische Wirbel und Extremitätenknochen. Das Gehirn neigt sich in seiner Form mehr dem Vogelgehirn als dem Reptilgehirn zu. Was den Untergang dieser Tiere, die eine gelungene Anpassung der Reptilien an das Leben in den Regionen der Lüfte bildeten, herbeigeführt hat, lässt sich jetzt schwer feststellen. In der nordamerikanischen Kreide fand man Exemplare von ca. 7 Meter Spannweite.

FLEDERMAUSÄHNLICHE PTERODAKTYLEN (FLUGSAURIER.)
Text siehe Rückseite
Verlag: Kakao Compagnie Theodor Reichardt G.m.b.H. Wandsbek.
Tiere der Urwelt Blatt 13.

Blatt No. 14. Zu den Megalosauriern gehört auch der als Drypterus aquilunguis Marsh bezeichnete Saurier, von dem uns Blatt 14 zwei miteinander kämpfende Vertreter darbietet. Die Gesamtlänge von der Schnauzenspitze bis zum Schwanzende betrug ungefähr 4 bis 5 m. Der etwa 8 $^1/_2$ Fuss lange Schwanz wurde von 14 stark verlängerten Wirbeln gebildet. Das Gebiss ist raubtierartig. Oberkiefer und Unterkiefer besitzen seitlichn zusammengedrückte und etwas zurückgekrümmte Zähne, die in tiefen Alveolen eingefügt und deren Ränder vorn und hinten durch feine Kärben zugeschärft sind. Die Vorderbeine des Tieres waren halb so lang als die hinteren. Es erinnert der Laelaps in dieser Beziehung sehr an das Känguruh, auch dürfte wohl daher sein Gang ein aufrechter und die Fortbewegng mehr eine sprungartige – wie auch beim Känguruh – gewesen sein. Diese Ähnlichkeit mit dem Känguruh hat dieser Tierart auch die Bezeichnung Känguruh-Dinosaurier eingetragen. Überreste dieses Tieres sind nach Cope in der oberen Kreide vom Judith-River gefunden worden, ebenfalls sind Reste aus dem grünen Strand von New-Jersey bekannt.

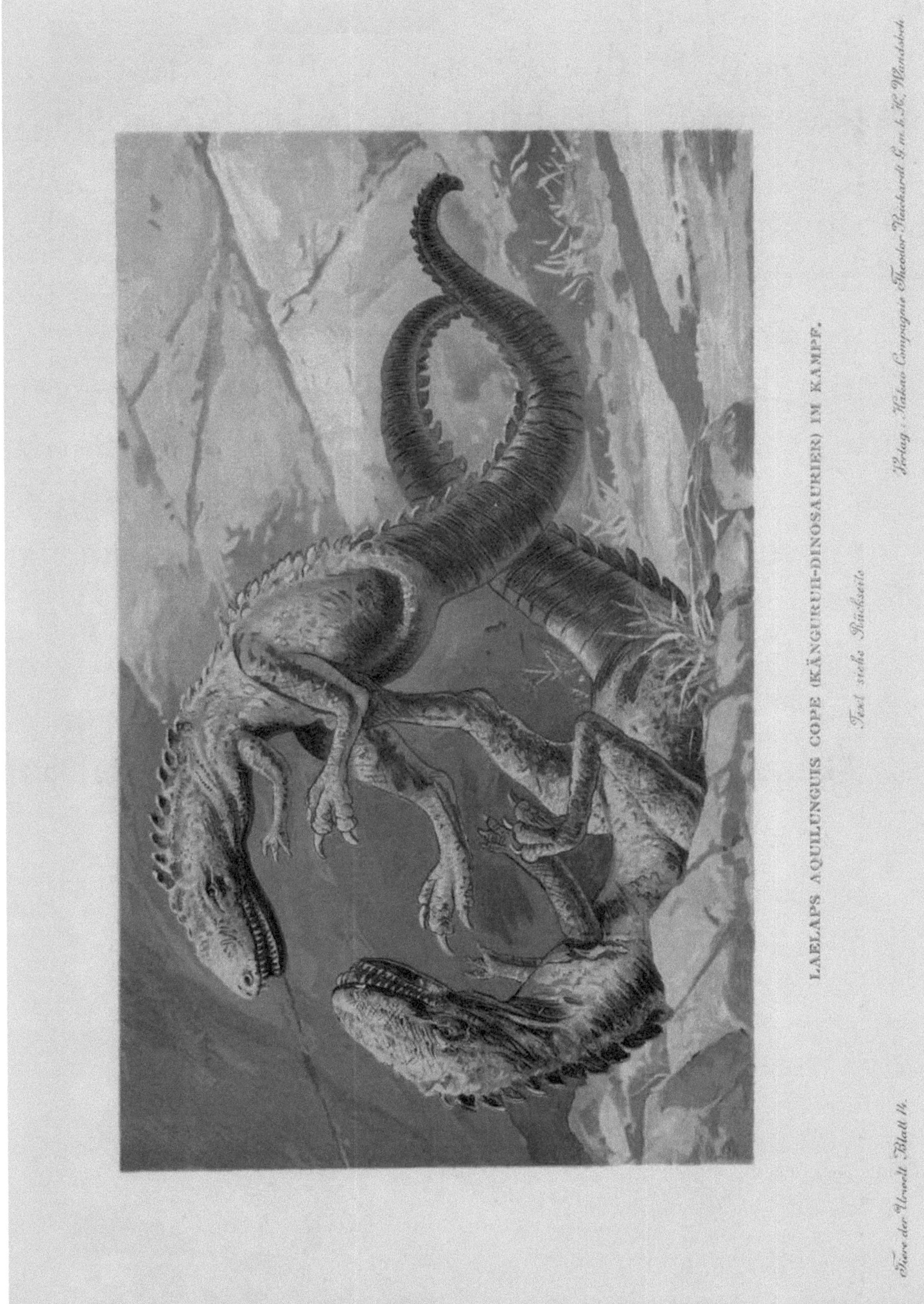

Tiere der Urwelt : Blatt 14.
LAELAPS AQUILUNGUIS COPE (KÄNGURUH-DINOSAURIER) IM KAMPF.
Text siehe Rückseite
Verlag : Kakao Compagnie Theodor Reichardt G. m. b. H. Wandsbek.

Blatt No. 15. Ein Verwandter des Laelaps ist Megalosaurus, der größte in dem Stamme der Megalosaurier. Die Hinterbeine sind doppelt so lang als die Vorderbeine und deuten auf eine sprungartige Fortbewegung. Die Oberschenkel erreichten bei ausgewachsenen Exemplaren eine Länge von 1 m. Besonders eigentümlich ist das Vorhandensein eines Bauchskelettes, ein Beweis dafür,. dass der Megalosaurus den Urreptilien noch sehr nahe stand. Der zweite, rechts befindliche Dinosaurier ist ein Iguanodon. Das Iguanodon war als Pflanzenfresser im allgemeinen ein friedfertiger Saurier und stand daher dem Megalosaurus an Stärke des Gebisses und an Gewandtheit nach. — Im Hintergrund unseres Bildes, rechts, sehen wir eine vorweltliche Cycas.

KAMPF ZWISCHEN MEGALOSAURUS UND IGUANODON.
Text siehe Rückseite
Verlag: Kakao Compagnie Theodor Reichardt G. m. b. H. Wandsbek
Tiere der Urwelt Blatt 15.
F. John

Blatt No. 16 zeigt den Brontornis Burmeisteri im Kampfe mit einem Hadrosaurus (Kreidezeit). Der Brontornis Burmeisteri gehört zu den Karinaten, jedoch dürfte seine Flugfähigkeit nicht sehr gross gewesen sein. Sein hakenförmig gebogener, starker Schnabel kennzeichnet ihn als Raubvogel. Man nimmt an , dass auch er, wie seine noch heute lebenden Verwandten, ein Reptilvertilger gewesen ist. Der Brontornis besass, wie das Skelett vermuten lässt, eine beträchtliche Grösse und Kraft. Die Reste dieser Vogelart sind von dem deutschen Paläontologen Burmeister in den Pampas Südamerikas aufgefunden worden.

Tiere der Urwelt Blatt 16.
BRONTORNIS BURMEISTERI.
Text siehe Rückseite
Verlag: Kakao Compagnie Theodor Reichardt G. m. b. H., Wandsbek

Blatt No. 17. Mosasaurus, ein ungeheuer lang-
gestrecktes Reptil der Kreide-Zeit, das in seiner
Gestalt an die fabelhafte Seeschlange erinnert.
Länge des Schädels ca. 1,20 Meter. Totallänge
$7\,{}^{1}/_{2}$ Meter (nach Hutchinson und Smit).

Blatt No. 18. Hadrosaurus mirabilis Leidy, ein Rie-
sen-Schnabelsaurier der Kreidezeit mit Entenschnabel. Seine kleinen Zähne, über 2000 an der
Zahl, stehen dichtgedrängt in mehreren Reihen
und bilden eine zusammenhängende pflasterförmige Kaufläche.

Hadrosaurus, mirabilis Leidy

ein Riesen Schnabelsaurier der Kreidezeit mit Entenschnabel. Seine kleinen Zähne, über 2000 an der Zahl, stehen dichtgedrängt in mehreren Reihen und bilden eine zusammenhängende pflasterförmige Kaufläche.

Verlag: Kakao Compagnie Theodor Reichardt G.m.b.H., Wandsbek.

Blatt No. 19. Der froschähnliche Hylaeosaurus Oweni Mant gehört der Familie der Scelidosaurier an, die zu der Unterordnung der Stegosauries gehört. Dieser Saurier ist bis jetzt im Skelett nicht vollständig bekannt. Er besass wahrscheinlich ein stark entwickeltes Hautskelett, das von Stacheln gebildet wurde, die auf dem Rücken eine Länge von 0,45 m erreicht haben, zugespitzt und seitlich zusammengedrückt waren. Diese Stacheln wurden beim Schwanz durch Schilder ersetzt, die, von runder Gestalt, in einer kurzen kegelförmigen Spitze ausliefen. Der Hylaeosaurus, gefunden in dem deutschen und englischen Wälderthon, hat in der Kreidezeit auf der Erde gehaust, ist aber wohl kaum irgend einem Lebewesen seiner Zeit gefährlich gewesen.

HYLAEOSAURUS OWENI MANT.
Text siehe Rückseite
Tiere der Urwelt. Blatt 79.
Verlag : Hahao Compagnie Theodor Reichardt G. m. b. H., Wandsbek.

Blatt No. 20, rekonstruiert nach Fraas, veranschaulicht das beste bisher entdeckte Exemplar (Ichthyosaurus quadriscissus Quenst), bei dem die Umrisse der Flossen sogar noch sichtbar sind. Die erste Bekanntschaft, die der Mensch mit den Ichthyosaurusresten gemacht hat, fällt um das Jahr 1708. Damals beschrieb sie Joh. Jak. Brier. Verbul aus dem Lias von Altdorf in Franken als Fischwirbel. Scheuchzer, der überall gern fossile Menschenknochen sah, reklamierte ihn als Menschenwirbel. Nach jener Zeit mehrten sich dann die Entdeckungen von Ichthyosaurusresten. Als Fundorte hierfür wurden die im Orte Lyme Regis und Street in England, Boll, Holzmaden in Württemberg und das Kloster Banz bald berühmt. Die Fischsaurier haben in der Liasperiode ihre höchste Blütezeit gesehen. Aber schon in der Trias finden sich Reste von Ichthyosauren und bis in die Kreidezeit hinein haben sie die Gewässer der Erde zu einem Tummelplatz gemacht, allerdings waren sie in der Kreidezeit nicht mehr so häufig wie in den vorhergehenden Perioden.

ICHTHYOSAURUS (FISCH-EIDECHSE.)   JURA-ZEIT.
Text siehe Rückseite
Tiere der Urwelt Blatt 20
Verlag: Hakan Compagnie Theodor Reichardt G. m. b. H. Wandsbek

Blatt No. 21 stellt einen abnorm gebildeten Saurier, ein kolossales Skelett der Jura-Zeit, dar. Nach einem Skelett des Stegosaurus ungulatus, wie es Marsh zusammengesetzt hatte, ist die Umrisszeichnung dieses Sauriers von Hutchinson skizziert worden. Der Stegosaurier erreichte eine Länge von 10 m. Die Hinterbeine waren bedeutend länger als die Vorderbeine, jedoch überwog die Länge der Hinterbeine nicht so, dass ein aufrechter Gang dadurch bedingt wurde. Dieser Saurier hat also seinen Lebensweg auf allen Vieren beschritten; hierfür sprechen auch die Hufe an den Vorder- und Hinterfüßen. Besonders auffallend ist der winzige Schädel, in dem ein Gehirn liegt, das an Dicke mindestens um das Zehnfache vom Rückenmark in der Beckengegend übertroffen wird, sodass man hier geradezu von einem „zweiten Gehirn" der Schwanzwurzel reden kann. Das eigentümlichste an dem Saurier war das Hautskelett. Über Hals und Nacken zogen sich paarige Knochenschilder hin, die sich auch über den Rücken ersteckten. Lotrecht, längs der Wirbelsäule, standen in einer Linie riesige zusammengedrückte Knochenplatten kammartig angeordnet. Es ist wahrscheinlich, dass dieser Kamm nur bei den männlichen Individuen der Stegosaurusart sich entwickelte, während er anscheinend den weiblichen fehlte.

STEGOSAURUS UNGULATUS, MARSH.
Text siehe Rückseite
Verlag: Kakao Compagnie Theodor Reichardt G. m. b. H. Wandsbek.
Tiere der Urwelt Blatt 21.

Blatt No. 22 (links der Plesiosaurus, rechts der Ichthyosaurus communis). Eine zweite Anpassung der Reptilien an das Leben im Wasser ist das Geschlecht der Plesiosaurier. Diese langhalsigen Meereseidechsen der Jura-Zeit belebten zusammen mit den Ichtyhosauriern die Meere der Trias und des Jura. Mit den Ichthyosauriern hatten sie die Atmung durch Lungen gemein, auch lebten sie, wie ihre Verwandten von kleinen Seetieren, Fischen, Tintenfischen, Krebsarten u. s. w., jedoch waren sie nicht so gewandte Schwimmer wie die Fischsaurier. Ihre Extremitäten waren ebenfalls zu Flossen umgebildet, aber länger als die der Ichthyosaurier und mehr ähnlich den Flossen der Meerschildkröten, welche eine dritte Anpassung der Reptilien zum dauernden Leben im Wasser bilden. Die äußere Erscheinung ist eine sonderbare, an den Schwan erinnernde, welche dieser Tierart auch die Bezeichnung Schwanenechsen eingetragen hat. An einen walzenrunden, kurzen, dicken Rumpf, dem vier Flossen angeheftet waren, schloss sich ein langer dünner Hals an, der in einen ziemlich kleinen Kopf überging. Der Hals wurde von 28 bis 40 Wirbeln gebildet. Die bekanntesten Fundorte von Plesiosaurier-Skeletten gehören den Lias Englands und Deutschlands an, es kommen für sie dieselben Fundorte wie für die Ichthyosaurusreste in Betracht. Die Länge solcher Plesiosaurusreste ist zuweilen sehr groß, bis 15 m (nach Richard Owen).

PLESIOSAURUS UND ICHTHYOSAURUS COMMUNIS CONYB.
Text siehe Rückseite
Verlag Natur Compagnie Theodor Reichardt G.m.b.H. Wandsbek.
Tiere der Urwelt Blatt 22.

Blatt No. 23 (rekonstruiert nach Hutchinson und Smit). Eine eigentümliche Dinosaurierfamilie war die der Iguanodonten. Ihre Angehörigen waren aufrecht trabende oder sich durch Springen fortbewegende Saurier und glichen in dieser Fortbewegung den Kompsognathiden, Megalosauriern und Hadrosauriern. Das ganze Tier, ein Riesen-Reptil der Jura-Zeit, war mit einer ungepanzerten, aber wahrscheinlich starken und dicken Haut bekleidet. Die Zehen waren mit Krallen bewehrt. Die Iguanodonten gehören mit zu den größten Reptilien. Die am besten bekannten Glieder dieser Familie sind Iguanodon Mantelli und Iguanodon Bernissartensis. Der erste erreichte durchschnittlich eine Länge von $5\,{}^{1}/_{2}$ m, während der zweite bedeutend größer wurde; die durchschnittliche Länge dieser Art war 10 m. Der kleinere Iguanodon besass einen Sporn oberhalb der Nase, der von einem schmalen, längsgestellten Knochenaufsatz gebildet wurde, der dem größeren Iguanodon fehlte. Der Schädel selbst ist bei beiden Arten schnabelartig zugespitzt und erinnert in der äußeren Form, abgesehen von dem Zwischenkiefer und dem Prädentale, an die Schnabelschnauze des Hadrosaurus, mit dem die Iguanodonten den aufrechten Gang gemeinsam hatten.

Tiere der Urwelt Blatt 23.

DER GROSSE IGUANODON VON BERNISSART IN BELGIEN (IGUANODON BERNISSARTENSIS BOULENGER.)

Text siehe Rückseite

Verlag: Kakao Compagnie Theodor Reichardt G.m.b.H., Wandsbek.

Blatt No. 24. Die Abbildung bietet uns ein Reptil aus der Verwandtschaft der Krokodile. Es gehört der Familie Teleosauridae an, die heute ausgestorben und nur durch Reste aus marinen Schichten des Lias und dem Jura bekannt ist; sie waren also Meeresbewohner. In ihrer äusseren Erscheinung und Grösse standen sie dem lebenden Gavial sehr nahe. Der äussere Unterschied zwischen diesen beiden Eidechsengattungen ist nur sehr gering. Er bestand bei den Teleosauriern in einem kleineren Kopf, in den kurzen zierlicheren Vorderfüssen, dem stärkeren Bauchpanzer und in der einfacheren Bepanzerung des Rückens. Der innere Unterschied bestand hauptsächlich in dem Bau der Wirbel, dagegen war der sonstige Skelettbau der Teleosaurier nur wenig differenziert von dem der Gaviale. Die Periode, in welcher die Gattung der Teleosaurier existierte, war die Zeit der Ablagerung der braunen und der weißen Jurakalksedimente (nach Hutchinson und Smit)

TELEOSAURUS (MEERKROKODIL.)
Text siehe Rückseite
Verlag: Kakao Compagnie Theodor Reichardt G. m. b. H. Wandsbek.
Tiere der Urwelt Blatt 24.
F. John

Blatt No. 25. Die grössten Dinosaurier – wohl die größten Landtiere überhaupt, welche die Erde bewohnten – gehören zu den Sauropoden, über die wir genaue Kenntnis durch die Forschungen des amerikanischen Paläontologen Marsh erhalten haben. Zu dieser Ordnung gehörte auch Brontosaurus excelsus Marsh, ein kolossales Reptil aus der Familie der Atlantosaurier. War er auch nicht der riesigste – es war dies Atlantosaurus mit einer Länge von 35 m – so war er doch einer der riesigen mit einer Länge von etwa 20 bis 23 $^1/_2$ m und einer Höhe von 5 bis 6 m im ausgewachsenen Zustand. Das Skelett dieser Art ist vollständig bekannt, ein von Marsh zusammengesetztes befindet sich im Yale-College und hat dem Zeichner als Grundlage für die Rekonstruktion (nach Hutchinson und Smit) gedient. Die Knochen der Wirbelsäule waren zum Teil hohl, wodurch die zu schleppende Körperlast geringer wurde. Alle Körperteile dieses Tieres sind ins Riesige ausgedehnt. Der Kopf fällt durch seine Kleinheit auf. Marsh ist durch Ausmessung der Gipsausgüsse des Gehirnraumes zu der Erkenntnis gelangt, dass der Brontosaurus im Verhältnis zu seiner Körpermasse das kleinste Gehirn unter allen Landtieren besessen hat. Die geistigen Fähigkeiten des Brontosaurus waren daher wohl nicht sehr groß, sie werden sich wohl kaum weit über die durch den Erhaltungstrieb eines Pflanzenfressers bedingten erstreckt haben. Das Tier lebte zur Zeit des Jura in Nordamerika.

BRONTOSAURUS EXCELSUS MARSH.
Text siehe Rückseite
Verlag Kakao Compagnie Theodor Reichardt G. m. b. H. Wandsbek
Tiere der Urwelt Blatt 25

Blatt No. 26. Der kleinste bis jetzt bekannte Dinosaurier ist Compsognathus longipes A. Wagn., ein Reptil der Jura-Zeit, von dem bisher nur ein Relikt, und zwar ein vollständiges Skelett aus dem lithographischen Schiefer, bekannt geworden ist. Dieses Tier, das sich, nach der Art des Känguruhs springend, auf den Hinterbeinen bewegte, hatte etwa die Grösse einer Springmaus und war in aufrechter Stellung 1 Fuss hoch, es ist der Zwerg der Dinosaurier-Gruppe, in die auch der ebenfalls aufrecht bewegende Iguandon und der über 110 Fuss lange Atlantosaurus gehören. Das Skelett des Compsognathus longipes ist ungemein leicht und pneumatisch gebaut, das heisst, die Wirbel und Extremitätenknochen sind hohl. Der Schädel des Tieres ist langgestreckt, etwa 20 mm lang und ähnlich dem der Vögel. Die Vorderfüsse sind ausserordentlich klein und werden von den Hinterfüßen fast um das doppelte an Länge übertroffen. Die Fortbewegung erfolgte durch die kräftig entwickelten Hinterfüße und es dürfte wohl auch der Schwanz, der den Körper an Länge übertraf, dabei in ähnlicher Weise wie beim Känguruh als Stützorgan eine Rolle gespielt haben.

COMPSOGNATHUS LONGIPES A. WAGN. (ZIERSCHNABEL.)
Text siehe Rückseite
Tiere der Urwelt. Blatt 26
Verlag : Kakao Compagnie Theodor Reichardt G. m. b. H. Wandsbek.

Blatt No. 27. (Nach einem Gemälde von R. Knight im New Yorker paläont. Museum). Ein eigentümliches Reptil der Permzeit war Dimetrodon incisivus, ein Kammsaurier. Bei dieser Art, wie überhaupt bei allen Therodonten, ist das Gebiss sehr stark differenziert und raubtierähnlich. Die Schneidezähne sind bereits ausgebildet und ebenso auch die Backenzähne, zwischen denen auf jeder Seite je ein Eckzahn steht, die stärker als die übrigen Zähne entwickelt sind und über die Kiefer herausragen. Die Dornfortsätze sind bei diesem Tier besonders stark entwickelt und erheben sich längs der Wirbelsäule bis zu einer beträchtlichen Höhe, die in der Rücken- und Lendengegend ihr Maximum erreichte. Als Fundorte kommen bisher hauptsächlich die Permablagerungen von Texas und Neu-Mexiko in Betracht, aus denen bishier vier Arten bekannt geworden sind.

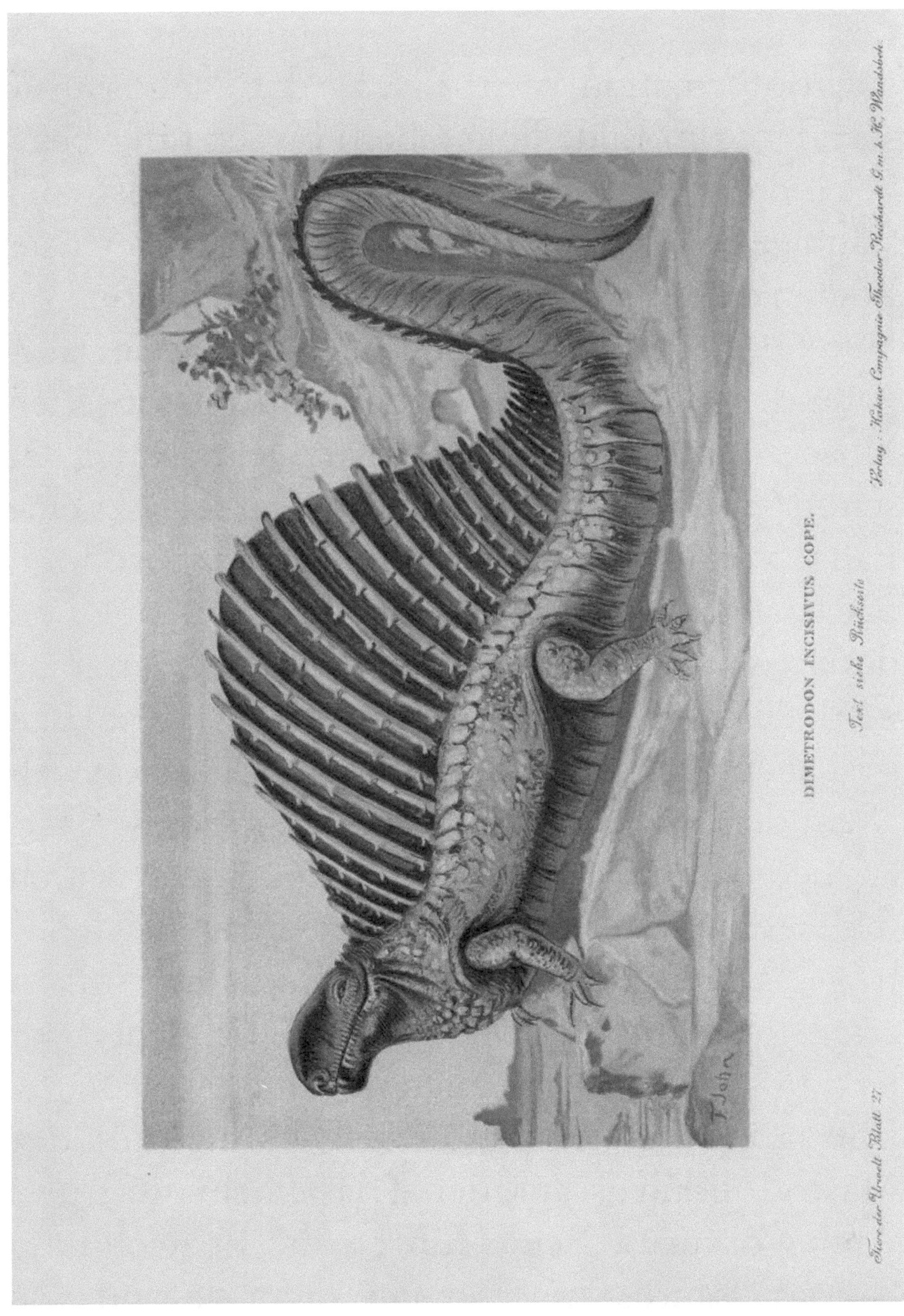
DIMETRODON INCISIVUS COPE.
Text siehe Rückseite
Verlag: Kakao Compagnie Theodor Reichardt G. m. b. H. Wandsbek
Tiere der Urwelt Blatt 27
F. John

Blatt No. 28. Unter den zahlreichen Sauriern der Karrooformation Südafrikas ist der Pareiosaurus serridens (im Bilde links oben) bis jetzt der bestbekannte. Es ist der einzige, von dem ein fast vollständiges Skelett aufgefunden worden ist. Unser Bild ist eine Bearbeitung der Rekonstruktion von Hutchinson und Smit nach dem von Sceley aufgefundenen und im Londoner Naturhistorischen Museum aufgestellten Exemplar. Der Schädel, der schon seit längerer Zeit bekannt war, besitzt eine Länge von 40 cm und ist hinten fast ebenso breit wie lang. Die Kopfknochen sind aussen rauh und durch Wulste ausgezeichnet; ein derartiger, ganz merkwürdiger, dicker Auswuchs findet sich an den absteigenden Fortsätzen des Jochbogens, von welchem der Name „Wangensaurier" für diese Tierart hergenommen worden ist. Die Kiefer waren mit einer ununterbrochenen Reihe von gleich hohen Zähnen besetzt, deren Zahl im ganzen ungefähr 60 betrug. Die beiden Tiere, denen wir jetzt unsere Aufmerksamkeit widmen wollen, gehören zu den Amphibien. Es sind dies der Mastodonsaurus aus der Trias-Formation und Archegosaurus. Beide führen die Bezeichnung Saurier (-saurus) mit Unrecht, denn sie sind, wie schon erwähnt, Amphibien und keine Saurier, die

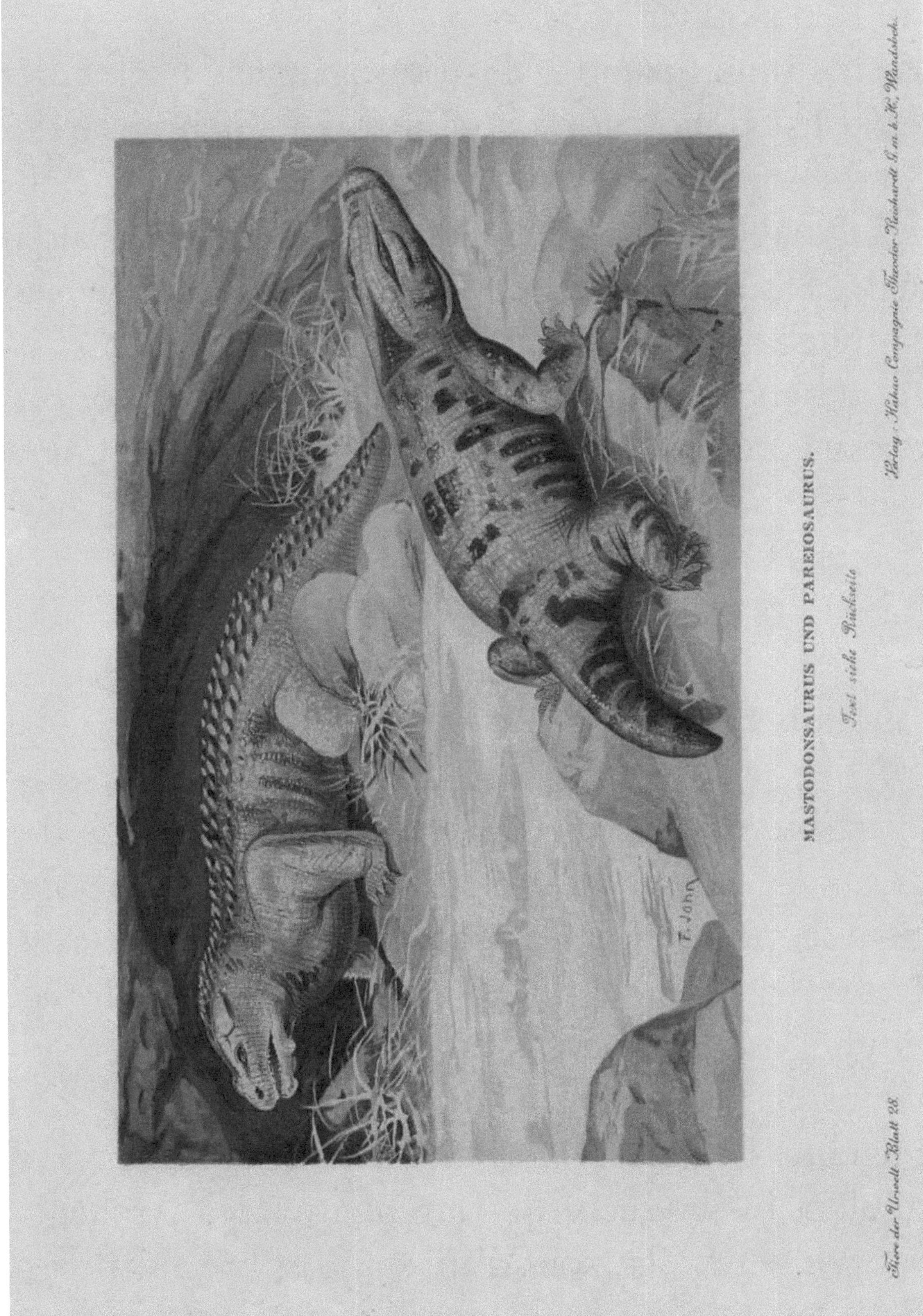
MASTODONSAURUS UND PAREIOSAURUS.
Text siehe Rückseite
F. John
Tiere der Urwelt · Blatt 28
Verlag: Kakao Compagnie Theodor Reichardt G.m.b.H., Wandsbek.

zu den Reptilien rechnen. Das Blatt 28 zeigt uns rechts unten einen „Mastodonsaurus" nach einer Rekonstruktion von Hutchinson. Er gehört zu der Ordnung der Labyrinthzähner, die ihre Bezeichnung nach der Zahnstruktur dieser Tiere erhalten hat. Alle Angehörigen dieser Ordnung weisen nämlich im Querschnitt ihrer furchenreichen Zähne labyrinthartige Struktur auf. Der Mastodonsaurus, in der Gestalt einem kolossalen Salamander ähnlich, ist in prächtigen Schädeln bis zu 1 Meter Länge in Württemberg überliefert.

Bild auf Seite 63:

Blatt No. 29. Der „Archegosaurus" wie auch der „Mastodonsaurus" gehört zu der Gruppe der Stecocephalen oder Panzerlurche, die heute vollkommen von der Erde verschwunden sind. Der Archegosaurus besass einen langgestreckten, eidechsenartigen Körperbau, der Veranlassung dazu gegeben hat, diese Tierfamilie zu den Reptilien zu zählen, bis endlich die Lurchnatur des Archegosaurus, eines Panzer-Amphibiums, bekannt wurde. Der Schädel ist in der Jugend kurz, stumpf, dreieckig und fast ebenso lang wie breit; bei alten

ARCHEGOSAURUS.
Text siehe Rückseite
Verlag: Kakao Compagnie Theodor Reichardt G. m. b. H. Wandsbek.
Tiere der Urwelt . Blatt 29

ausgewachsenen Individuen dagegen ist der Schädel bedeutend länger als breit, zugespitzt und ähnelt dem der Krokodilier. Die Augen sind seitlich gestellt; er unterscheidet sich hierin von dem Mastodonsaurus, jedoch besaß er wie jener ein Hautskelett. Der Archegosaurus Decheni erreichte eine Länge von 1 bis 1,50 m. Zur Permzeit bevölkerte er die sumpfigen Lepdidodendron-, Sigilarien- und Farnwälder des damaligen Europas. Unser Bild zeigt die Rekonstruktion der mutmasslichen Gestalt nach H. N. Hutchinson und J. Smit. In Nordamerika wurde er durch andere riesigere Verwandte ersetzt.

Bild auf Seite 65:

Blatt No. 30. Die Abbildung stellt die Art Pterichthys cornutus, einen gepanzerten Fisch aus der Devonzeit, nach der Rekonstruktion von Fraquair in natürlicher Grösse dar. Der Zeichner ist der Anschauung Simroths gefolgt, der in dem Pterichthys, der zu den seltsamsten Formen der Urzeit gehört, eine Anpassung der Fische zum Leben auf dem Lande sah. Der Kopf ist rund und mit zahlreichen, dünnen Knochenplatten bedeckt,

Tiere der Urwelt Serie I. Blatt 30.
FLÜGELFISCH (PTERICHTHYS CORNUTUS AGASSIZ.)
Text siehe Rückseite
Verlag: Kosmos Compagnie Theodor Reichardt G.m.b.H. Wandsbek.

die sich bis über die vordere Hälfte des Fisch-
körpers erstrecken und mit körneliger Verzierung
bedeckt sind. Auch die stark entwickelten Brust-
flossen sind durch Knochenplatten geschützt. Eigentümlich muss beim Pterichthys die Augen-
stellung, d. h. die auffällige Lage des Sehorgans
gewesen sein, das nicht, wie bei allen heute noch
lebenden Wirbeltieren in zwei seitliche Augen zer-
trennt ist, sondern aus einer einzigen großen
Scheitelöffnung hervortritt. Die Skelette weisen im
Vorderschild eine S-förmige Öffnung auf, die darauf hindeutet, dass die Flügelfische dicht beiein-
anderstehende Augen, nicht aber, wie allgemein
behauptet wird, ein Scheitelauge besassen. Sie äh-
nelten hierin dern Flachfischen und dürften wohl,
wie diese, Bewohner des Grundes von Gewässern
gewesen sein. Hier haben sie sich wohl in den
Grundsand so eingegraben, dass ihr ungepan-
zerter, mit Schuppen bedeckter Leib im Sande
vergraben war. Derartig im Sande vergraben, dass
nur der gepanzerte Vorderkörper hevorsah, lauer-
te der Fisch auf Beute.

Autor Ernst Probst,
Foto: Klaus Benz, Fotograf, Mainz-Laubenheim

Der Herausgeber

Ernst Probst, geboren am 20. Januar 1946 in Neunburg vorm Wald im bayerischen Regierungsbezirk Oberpfalz, ist Journalist und Buchautor. Er arbeitete von 1968 bis 1971 bei den „Nürnberger Nachrichten", von 1971 bis 1973 in der Zentralredaktion des „Ring Nordbayerischer Tageszeitungen" in Bayreuth und von 1973 bis 2001 bei der „Allgemeinen Zeitung", Mainz. Von 2001 bis 2006 war er zunächst als Buchverleger und später auch weltweit als Fossilien- und Antiquitätenhändler aktiv. In seiner Freizeit schrieb Ernst Probst vor allem populärwissenschaftliche Artikel für die „Frankfurter Allgemeine Zeitung", „Süddeutsche Zeitung", „Die Welt", „Frankfurter Rundschau", „Neue Zürcher Zeitung", „Tages-Anzeiger", Zürich, „Salzburger Nachrichten", „Oberösterreichische Nachrichten", Linz, „Die Zeit", „Rheinischer Merkur", „Deutsches Allgemeines Sonntagsblatt", „bild der wissenschaft", „kosmos", „Deutsche Presse-Agentur" (dpa), „Associated Press" (AP) und den „Deutschen Forschungsdienst" (df).

Aus der Feder von Ernst Probst stammen zahlreiche Beiträge der Buchreihe „Geschichten, die die

Forschung schreibt" sowie die Bücher „Deutschland in der Urzeit" (1986), „Deutschland in der Steinzeit" (1991), „Rekorde der Urzeit" (1992), „Dinosaurier in Deutschland" (1993 zusammen mit Raymund Windolf) und „Deutschland in der Bronzezeit" (1996). Von 1986 bis heute veröffentlichte Probst mehr als 300 Bücher, Taschenbücher und Broschüren sowie über 300 E-Books. Er befasst sich vor allem mit Themen aus den Bereichen Paläontologie, Geologie, Zoologie, Kryptozoologie, Archäologie und Geschichte.

Bücher von Ernst Probst

Dinosaurier von A bis K

Dinosaurier von L bis Z

Raub-Dinosaurier von A bis Z

Der Ur-Rhein

Deutschland im Eiszeitalter

Das Mammut

Der Höhlenbär

Höhlenlöwen. Raubkatzen im Eiszeitalter

Säbelzahnkatzen. Von Machairodus
bis zu Smilodon

Rekorde der Urzeit.
Landschaften, Pflanzen und Tiere

Johann Jakob Kaup.
Der große Naturforscher aus Darmstadt

Tiere der Urwelt.
Leben und Werk des Berliner Malers
Heinrich Harder

Affenmenschen. Von Bigfoot
bis zum Yeti
Monstern auf der Spur.
Wie die Sagen über Drachen,
Riesen und Einhörner entstanden
Nessie. Das Monsterbuch
Seeungeheuer. 100 Monster
von A bis Z

Königinnen des Films 1
Königinnen des Films 2
Königinnen der Lüfte
Königinnen des Tanzes
Königinnen des Theaters
Malende Superfrauen
Sieben berühmte Indianerinnen
Superfrauen aus dem Wilden Westen

Bestellung bei: www.grin.com